Nachträge

zu:

Der elektrische Ofen

von

Henri Moissan,

Professor an der École Supérieure de Pharmacie in Paris, Mitglied der Académie des Sciences etc. etc.

Autorisierte deutsche Ausgabe

von

Dr. Th. Zettel.

Berlin W.

Verlag von M. Krayn.

1900.

Vorwort des Übersetzers.

Seit dem Erscheinen des Hauptwerkes hat der elektrische Ofen nicht gefeiert, sondern weiter dazu beigetragen, die anorganische Chemie mit neuen Erfahrungen und Verbindungen zu bereichern. Die so interessante Gruppe der Carbide, deren Bedeutung durch die unvorhergesehene Ausdehnung der Industrie des Calciumcarbides besonders in den Vordergrund getreten war, wurde genauer erforscht und neben neuen Eigenschaften der bereits bekannten, auch bisher unbekannte Carbide entdeckt. Auch die Silicide, Boride, Phosphide, Arsenide und Sulfide der Metalle wurden mit Hilfe des elektrischen Ofens zugänglich gemacht und um eine ganze Reihe bisher nur wenig oder garnicht bekannter Körper bereichert.

Mein hochverehrter Lehrer, Herr Professor H. Moissan, hatte die besondere Liebenswürdigkeit, die seit Erscheinen des Hauptwerkes in seinem Laboratorium erhaltenen neuen Resultate als Nachtrag speziell für die deutsche Ausgabe zusammenzustellen, und indem ich diese Zusammenstellung der Öffentlichkeit übergebe, gestatte ich mir, ihm dafür an dieser Stelle meinen aufrichtigsten Dank auszusprechen.

Baden (Schweiz), November 1900.

Dr. Th. Zettel.

Nachträge

zu:

Der elektrische Ofen.

Metallcarbide.

Carbide der Alkalimetalle.

Durch Reduktion von Metalloxyden oder Metallcarbonaten mit Kohle im elektrischen Ofen konnte eine ganze Reihe bestimmter krystallisierter Carbide dargestellt werden. Zur Gewinnung gewisser Carbide, z. B. der Alkalicarbide, kann dieses Verfahren jedoch nicht verwendet werden. Es war nun jedenfalls von Interesse, nachzuforschen, worin die Ursache für diese auffallende Erscheinung zu suchen sei.

Berthelot[1]) wies in seiner Abhandlung über eine neue Gruppe metallischer Radikale auf die Existenz der Verbindungen C_2HNa und C_2Na_2 hin, die bei Erhitzen von Natrium in einer Atmosphäre von Acetylen gebildet werden. Der auf diese Weise gewonnene Körper C_2Na_2, das Natriumcarbid, ist in allen seinen Eigenschaften

[1]) Berthelot. Sur une nouvelle classe de radicaux métalliques composés. *Annales de Chimie et de Physique*, 4e série, t. IX, p. 385.

ganz analog dem Calciumcarbid, welches mit Leichtigkeit im elektrischen Ofen dargestellt werden kann und der Ausgangspunkt der Acetylenindustrie geworden ist.

Kaliumcarbid.

Diese Verbindung wurde von Berthelot durch Einwirkung von Acetylen auf Kalium bei Dunkelrotglühhitze erhalten.

Erhitzt man ein Gemenge von Kaliumcarbonat und Kohle ($K_2CO_3 + 2C$) im elektrischen Ofen mit einem Strome von 900 Ampères und 45 Volts, so hinterbleibt eine schwarze, pulverförmige Masse, die aus nahezu reinem Kohlenstoff besteht, nur Spuren von Alkalimetall enthält und beim Zusammenbringen mit Wasser keine Gasentwicklung liefert. Bei Verwendung eines Stromes von solcher Intensität entsteht also kein Kaliumcarbid.

Bei einem zweiten Versuche wurde das zur Darstellung von Kalium dienende Gemenge von schwarzem Fluss und Kohle in einem auf einer Seite geschlossenen Kohlerohre im elektrischen Ofen acht Minuten lang der Einwirkung eines Stromes von 350 Ampères und 45 Volts, also von geringerer Intensität als früher, ausgesetzt. Nach dem Erkalten findet sich in dem Rohre ein grobkörniges Produkt; einzelne Teilchen sahen sogar geschmolzen aus. Bringt man die schwarze Masse in Berührung mit Wasser, so tritt sofort eine Gasentwicklung ein; befeuchtet man sie nur etwas mit Wasser, so wird sie glühend und entwickelt ein Gas, welches mit violettroter Flamme brennt. Mitunter erfolgt sogar eine schwache Explosion.

Lässt man auf diese Substanz in einem mit Quecksilber gefüllten Rohre Wasser einwirken, so tritt eine schwache Gasentwicklung ein; der schwarze Rückstand besteht aus Kohle, und die filtrierte wässerige Lösung zeigt eine gelbliche Färbung. Diese Lösung reagiert stark alkalisch und enthält eine kleine Menge Carbonat und Cyanid.

Das entwickelte Gas besteht aus Wasserstoff, Acetylen und ein wenig Stickstoff. Bei zwei verschiedenen Analysen dieses Gasgemenges wurden 70 und 66,6 Prozent Acetylen gefunden.

Die Gasentwicklung und daher auch die Menge des unter diesen Bedingungen gebildeten Kaliumcarbids ist sehr gering.

Aus diesen Versuchen folgt zunächst, dass die Temperatur des elektrischen Ofens für die Darstellung von Kaliumcarbid eine zu hohe ist.

Ausserdem wurde die Beobachtung gemacht, dass metallisches Kalium bei gewöhnlicher Temperatur und unter atmosphärischem Druck durch Acetylen langsam angegriffen wird, und dass bei genügend langer Dauer der Einwirkung eine vollständige Umsetzung erfolgen kann. Bei einem derartigen Versuche brachte man ein Stückchen Kalium über Quecksilber in ein Rohr von 50 cm Länge, welches mit Acetylen gefüllt worden war. Schon am zweiten Tage konnte man konstatieren, dass das Quecksilberniveau merklich gestiegen war. Die Absorption schritt langsam weiter fort, und als das Experiment nach 49 Tagen beendet wurde, hinterblieb ein Gemenge von 3,87 cc Acetylen und 4,48 cc Wasserstoff (auf 0^{0} und 760 mm reduziert), zusammen 8,35 cc, während das ursprüngliche Volumen des Acetylens 17 cc betragen hatte (auf 0^{0} und 760 mm reduziert). Es waren also 8,65 cc Acetylen absorbiert worden, nahezu das doppelte des gebildeten Volumens Wasserstoff, wie auch aus folgender Gleichung hervorgeht:

$$\underbrace{C_2H_2}_{2\ \text{Vol.}} + K = C_2HK + \underbrace{H}_{1\ \text{Vol.}}$$

Man erhält auf diese Weise bei gewöhnlicher Temperatur ein weisses, nur wenig an dem Rohre haftendes Produkt, welches durch kaltes Wasser sofort unter Entwicklung von reinem Acetylen zersetzt wird. Das Volumen des Gases betrug 7 cc, also etwas weniger als die Theorie erfordern würde. Diese geringe Differenz hat in der Polymerisation eines kleinen Teiles des gebildeten Acetylens ihren Grund.

Durch Einwirkung von Kalium auf Acetylen bei gewöhnlicher Temperatur erhält man also die Verbindung C_2HK oder Acetylenkalium, die als Zwischenprodukt zwischen Acetylen, C_2H_2, und Kaliumcarbid, C_2K_2, aufzufassen ist und schon von Berthelot entdeckt worden war.

Natriumcarbid.

Bei der Reduktion von reinem Natriumcarbonat durch Kohle unter der Einwirkung eines kräftigen elektrischen Stromes (1000 Ampères und 70 Volts) wurde kein Carbid erhalten. Erhitzt man dagegen ein Gemenge von Ätznatron und Zuckerkohle in einem geschlossenen Tiegel, welcher sich in einem Kohlerohr befindet, mit Hülfe eines schwächeren Stromes (350 Ampères, 45 Volts), so entsteht eine schwarze, pulverförmige Masse, die, mit Wasser in Berührung gebracht, ein wenig Acetylen entwickelt.

Acetylen wird in der Kälte von Natrium viel langsamer als von Kalium, ja sogar nahezu gar nicht[1]) absorbiert.

Infolge dieser Eigenschaft wurde der Versuch in folgender Weise modifiziert: Natrium und flüssiges Acetylen werden in einem zugeschmolzenen Rohr bei Laboratoriumstemperatur sich selbst überlassen. Anfangs erfolgt die Einwirkung nur langsam, nach einigen Tagen jedoch verliert das Natrium an der Oberfläche seinen Glanz und bedeckt sich mit einer gelblichweissen Schicht, die beständig an Dicke zunimmt, bis die Überführung des Metalles eine vollständige ist. Nunmehr wird das Rohr stark abgekühlt und geöffnet, und die Gase mit Hülfe einer Quecksilberpumpe aufgefangen. Neben dem überschüssigen Acetylen war Wasserstoff leicht nachzuweisen. Das an Stelle des Natriums getretene, gelblichweisse Produkt wurde auf folgende Weise analysiert: Eine gewogene Menge wurde durch Wasser zersetzt und das entweichende Acetylen aufgefangen, gemessen und analysiert, um seine Reinheit zu konstatieren. Das Natrium wird auf alkalimetrischem Wege durch Titration des gebildeten Ätznatrons bestimmt.

Diese in der Kälte entstandene Verbindung entspricht der Formel C_2HNa; es ist also ebenfalls das Zwischenprodukt zwischen Acetylen und Carbid, das Natriumacetylen, welches zunächst gebildet wird.

[1]) Daraus, dass Acetylenkalium leichter gebildet wird, erklärt sich, dass Berthelot in dem durch Einwirkung von Kalium auf Wasser entwickelten Wasserstoff Spuren von Acetylen gefunden hat, während dies bei Natrium nicht der Fall war.

Es ist nicht unumgänglich notwendig, diese Reaktion mit flüssigem Acetylen auszuführen; dieselbe geht auch bei gewöhnlicher Temperatur mit komprimiertem, gasförmigem Acetylen von statten. Die Schnelligkeit der Reaktion scheint in einem bestimmten Verhältnis zum Druck zu stehen.

Wie schon weiter oben bemerkt, erfolgt die Vereinigung von Natrium und Acetylen bei gewöhnlichem Druck nun sehr schwer und wird erst nach mehreren Monaten deutlich wahrnehmbar. Unter einem Druck von einer Atmosphäre geht die Verbindung schon rascher von statten, und bei gelindem Erwärmen, sogar unter vermindertem Drucke erfolgt die Einwirkung noch schneller. Bei 50° ist dieselbe schon sehr deutlich; ein kleines Stückchen Natrium konnte vollständig in die Verbindung C_2HNa übergeführt werden, dadurch dass man es 15 Tage lang bei einer Temperatur von 70° in Berührung mit Acetylen liess.

Dissociation der Verbindung C_2HNa.

Der weisse, durch Einwirkung von Acetylen auf Natrium bei gewöhnlicher Temperatur erhaltene Körper, welcher der Formel C_2HNa entspricht, wurde in ein Rohr aus böhmischem Glase gebracht, welches an einem Ende geschlossen und an dem anderen mit einer Quecksilberpumpe verbunden war. Erhitzt man den Körper C_2HNa gelinde im Vacuum, so färbt sich derselbe braun, und es entweicht zunächst reines Acetylen.

Bei weiterem Erhitzen wird die Färbung dunkler, und während die Acetylen-Entwicklung fortdauert, kondensiert sich in dem kalten Teile des Rohres eine kleine Menge flüssiger Kohlenwasserstoffe. Bricht man den Versuch ab, bevor eine Deformierung des Glasrohres eintritt, und behandelt den festen Rückstand mit kaltem Wasser, so entweicht reines Acetylen. Dieses Produkt ist das von Berthelot entdeckte Natriumcarbid von der Formel C_2Na_2. Erhitzt man den Rückstand, anstatt Wasser darauf einwirken zu lassen, im Vacuum weiter bis zur Rotglut, so tritt keine Gasentwicklung mehr ein; auf dem Boden des Rohres hinterbleibt schwarzer Kohlenstoff, und oberhalb des erhitzten Teiles bildet sich durch Sublimation ein glänzender Ring von metallischem Natrium.

Bei einer Temperatur, die kaum den Erweichungspunkt von böhmischem Glase erreicht, wird also Natriumcarbid im Vacuum in Kohlenstoff und Natrium zerlegt. Hieraus erklärt sich die Fruchtlosigkeit aller Bemühungen, Natriumoxyd oder Natriumcarbonat durch Kohle zu reduzieren. Die Temperatur des elektrischen Ofens ist eine viel zu hohe, als dass Natriumcarbid bei derselben bestehen könnte.

Die vorstehend beschriebenen Reaktionen können durch folgende Gleichungen ausgedrückt werden:

$$2\,C_2HNa = C_2H_2 + C_2Na_2$$
$$C_2Na_2 = C_2 + Na_2$$

Lithiumcarbid.

Bei Gelegenheit der Darstellung des Lithiumcarbids wurde bereits darauf hingewiesen[1]), dass man sogar mit einem Strome von nur 350 Ampères und 50 Volts nicht länger als zehn Minuten erhitzen dürfe, um nicht nur Graphit in dem Kohlerohre, in welchem der Versuch ausgeführt wird, vorzufinden· Die Temperatur, bei welcher die Darstellung des Carbids ausgeführt wird, ist von grossem Einfluss auf die Ausbeute. Lithiumcarbid zerfällt nämlich durch Einwirkung von Hitze viel leichter als Calciumcarbid. Die Zersetzungstemperatur des Lithiumcarbids liegt zwischen derjenigen des Natriumcarbids und derjenigen der Carbide der alkalischen Erden.

Carbide der alkalischen Erden.

Dissociation von Calciumcarbid.

Aus einer Reihe von Versuchen ging hervor, dass Calciumcarbid bei Verwendung von Strömen mit grosser Intensität im elektrischen Ofen zersetzt werden kann.

[1]) Siehe „Der elektrische Ofen" Seite 266.

Wenn kleine Mengen Calciumcarbid mit Hülfe eines Stromes von 1200 Ampères und 60 Volts dargestellt wurden, so konnte es, wenn der Versuch zehn Minuten lang fortgesetzt wurde, vorkommen, dass ein Produkt erhalten wurde, welches fast vollständig aus pulverförmigem Graphit bestand und nur mehr Spuren von Calciumcarbid enthielt.

Eine Verflüchtigung der Verbindung kann nicht angenommen werden, da der pulverförmige Kohlenstoff in dem Tiegel zurückblieb. Mehr Wahrscheinlichkeit besitzt die Auffassung, dass eine Dissociation des Calciumcarbids vorliegt, bei welcher das Calcium leicht abdestilliert, und der Kohlenstoff in Pulverform als Rückstand zurückbleibt.

Bei Versuchen, die mit dem von Deville vorgeschlagenen gekühlten Rohre zur Untersuchung der Kondensation von Kohlenstoffdampf ausgeführt wurden, wurde niemals eine Kondensation von Calciumcarbid beobachtet. Erhitzt man geschmolzenes Calciumcarbid im elektrischen Ofen, so findet man auf dem von kaltem Wasser durchflossenen kupfernen Rohre stets nur Graphitstaub, pulverförmigen Kalk und Calcium, welches mit Wasser Wasserstoff entwickelt, dessen Reinheit auf eudiometrischem Wege nachgewiesen werden konnte.

Calciumcarbid kann also wie Natrium- und Lithiumcarbid, nur bei bedeutend höherer Temperatur, in Metall und Kohlenstoff zerfallen.

Die Farbe des Calciumcarbids.

Ich habe seinerzeit angegeben [1]), dass das Calciumcarbid aus dunkelrot gefärbten Krystallen mit schillernder, goldglänzender Oberfläche besteht. Infolge von neuen Versuchen gelangte ich indes zu der Überzeugung, dass dieses metallschimmernde Äussere und die Färbung der Krystalle nur von einer Verunreinigung herrühre. Wenn Calciumcarbid keine Spur Eisen enthält, ist es durchsichtig wie Chlornatrium.

Als Beleg hierfür können folgende Versuche dienen:

Erhitzt man metallisches Calcium in einer Hülle von amorphem, reinem, durch plötzliche Zersetzung von Acetylen dargestelltem Kohlen-

[1]) „Der Elektrische Ofen“ Seite 274.

stoff auf Dunkelrotglut[1]), so erhält man ein weisses Calciumcarbid, welches durch kaltes Wasser unter Bildung von gelöschtem Kalk und Entwicklung von Acetylen zersetzt wird. Unter dem Mikroskop erscheint dieses Carbid aus einer Menge durchsichtiger Krystalle zusammengesetzt.

Erhitzt man in einer Hülle von amorphem, reinem Kohlenstoff Wasserstoffcalcium CaH_2, welches durch direkte Vereinigung von Wasserstoff und Calcium dargestellt werden kann, so erhält man ein weisses Calciumcarbid $Ca\,C_2$, welches in dünnen Blättchen vollständig durchsichtig ist.

Zu demselben Resultate gelangt man, wenn man den eben beschriebenen Versuch mit krystallisiertem Stickstoffcalcium $Ca_3\,N_2$ ausführt.

Die Verbindung $C_2\,Ca\,.\,C_2\,H_2\,.\,4\,N\,H_3$, welche durch Einwirkung von Acetylen auf Calcium-Ammonium bei — 60° erhalten werden kann, hinterlässt bei vollständiger Zersetzung ein ganz weisses Calciumcarbid $Ca\,C_2$, welches unter dem Mikroskop durchsichtig erscheint.

Schliesslich wurde noch folgender Versuch angestellt:

Dieses weisse Calciumcarbid wurde, mit einer kleinen Menge Eisenoxyd vermengt, im elektrischen Ofen in einem Tiegel aus reinem Graphit geschmolzen. Nach dem Erkalten erhielt man ein Calciumcarbid, welches genau den Schimmer und das sonstige Aussehen des technischen Produktes zeigte.

Vollständig reines Calciumcarbid ist demnach durchsichtig. Wenn es eine kastanienbraune Färbung und schillerndes Aussehen zeigt, so rührt dies von der Gegenwart von Eisen her, von welchem eine Spur genügt, um diese Färbung zu bewirken.

[1]) Diese Synthese von Calciumcarbid geht bei niedriger Temperatur vor sich und kann ausgeführt werden, indem man das Gemenge von Kohle und Calcium in einem Porzellantiegel über einer Spiritusflamme erhitzt. Die bei der Verbindung von Kohlenstoff und Calcium frei werdende Wärmemenge genügt, um das Calciumcarbid in schmelzflüssigen Zustand überzuführen, was bisher nur mit Hülfe des elektrischen Ofens möglich gewesen war.

Untersuchung einiger Proben von technischem Calciumcarbid.

Seit meinen ersten Veröffentlichungen über die Entstehung des krystallisierten Calciumcarbids im elektrischen Ofen hat sich die Technik dieser Darstellungsmethode bemächtigt, und gegenwärtig werden grosse Mengen Calciumcarbid fabriziert.

Wenn auch das Verfahren zunächst sehr einfach erschien, so brachte doch die tonnenweise Darstellung von Calciumcarbid gewisse Schwierigkeiten mit sich. Die bei Bereitung der Mischung zu beobachtenden Bedingungen, die Qualität von Kalk und Kohle, das Abstechen der Öfen, die Manipulation mit Elektroden von ausserordentlich grossem Querschnitt in Anbetracht der bedeutenden Stromstärken, alles das waren Fragen, die allmählich untersucht werden mussten, und die heutzutage zum grössten Teile als gelöst zu betrachten sind. Die Abfuhr und die Nutzbarmachung der glühend heissen Gase, die bei dem Schmelzprozesse in reichlichem Masse entstehen, bietet noch einige Schwierigkeiten, deren Behebung indes nach den letzten in der Technik angestellten Versuchen auf dem besten Wege ist.

Bei den ersten Anfängen dieser Industrie liess die Sorgfalt bei der Auswahl der Ausgangsmaterialien, Kalk und Kohle, viel zu wünschen übrig. In den ersten Anlagen zur Fabrikation von Calciumcarbid wurde als Kohlenstoffmaterial Koks mit grossem Aschengehalt, reich an Schwefel und Phosphor verwendet. Ausserdem wurde irgend ein beliebiger Kalk genommen, der natürlich fast regelmässig durch Aluminiumsilikat, Phosphate und Sulfate verunreinigt war. Es ist daher nicht zu verwundern, wenn beim Erhitzen eines solchen zerkleinerten Gemenges im elektrischen Ofen ein sehr unreines Calciumcarbid erhalten wurde. Dieses Carbid enthielt Phosphorcalcium, Aluminiumsulfid, Silicide und zwar sogar solche, die durch Wasser zersetzbar waren. Beim Zusammentreffen mit einer geringen Menge Wasser lieferte diese Verbindung sofort ein ganz unreines Acetylen, welches Phosphorwasserstoff und Schwefelwasserstoff enthielt.

In diesen Fabriken wurde also, entweder um höheren Gewinn zu erzielen oder aus Unwissenheit von Anfang an sehr unreines

Carbid hergestellt, welches natürlich auch ein sehr unreines Acetylen ergab. Ans dieser schlechten Fabrikationspraxis erklären sich die Schwierigkeiten, die sich zunächst der Verwendung des Acetylens für Beleuchtungszwecke entgegenstellten. Man gelangte indes bald zu der Erkenntnis, dass als Ausgangsprodukte reiner Kalk und möglichst aschefreier Koks genommen werden mussten.

Heutzutage arbeitet diese neue Industrie zumeist unter besseren Bedingungen. Man findet im Handel gut durchgeschmolzenes, homogenes Carbid mit krystallinischem Bruch und dem sehr charakteristischen, goldglänzenden Schimmer. Diesem Carbid sollte stets der Vorzug gegeben werden, wenn es sich um technische Gewinnung von Acetylen handelt.

Es ist indes empfehlenswert, sich trotz des ziemlich charakteristischen Aussehens des Calciumcarbids nicht nur auf dieses zu verlassen, sondern auch die Analyse auszuführen.

Unter den zahlreichen, bekannt gewordenen Methoden hierzu scheint nur die von Lunge und Cederkreutz[1]) gute Resultate zu liefern. Dieselbe besteht darin, dass man eine gewogene Menge Carbid in überschüssiges Wasser einträgt. Die Hauptschwierigkeit hierbei ist, ein gutes Durchschnittsmuster zu erhalten, wenn es sich um einen bedeutenden Posten handelt, da sich die Probenahme infolge der grossen Härte des Carbids sehr schwierig gestaltet.

Theoretisch sollte 1 kg Calciumcarbid 349 Liter Acetylengas liefern. Bei der Zersetzung einiger Proben Calciumcarbid durch Kalkmilch, die vorher mit Acetylen gesättigt worden war, wurden folgende Zahlen erhalten (auf 0° und 760 ccm reduziert):

I.	II.	III.	IV.	V.	VI.	VII.	
292,81	294,10	301,30	304,61	307,72	316,41	318,77	Liter.

Zeigt dagegen das Calciumcarbid kein geschmolzenes, krystallisiertes Aussehen, ist es vielmehr porös und von grauer Färbung, so

[1]) Lunge und Cederkreutz. Zeitschrift f. angewandte Chemie, p. 651; 1897.

ist die Gasausbeute stets viel geringer. Es wurden dann z. B. folgende Zahlen gefunden:

I.	II.	III.
228,60	250,40	260,30 Liter

Bei der Untersuchung der Verunreinigungen des Acetylens will ich mich nicht aufhalten, da diese Frage bereits eingehend behandelt wurde[1]). Ich möchte nur darauf hinweisen, dass einige Muster ziemlich grosse Mengen Ammoniak enthalten. Chuard[2]), welcher diese Thatsache beobachtete, fand folgende Zahlen:

Ammoniak im Gase: 0,03 bis 0,06 %,
Stickstoff im Rückstand: 0,24 bis 0,40 %.

Bei der Untersuchung von vier verschiedenen Proben erhielt ich folgende Werte:

	I.	II.	III.	IV.
Gesamtstickstoff	0,02	0,12	0,15	0,31. %

Mehrere dieser Carbide lieferten eine geringe Menge Phosphorwasserstoff, andere wieder nicht.

In besonderem Maasse richtete sich mein Interesse auf den unlöslichen Rückstand, welcher bei der Zersetzung des Calciumcarbids mit Wasser hinterbleibt.

Zum Zwecke der leichteren Untersuchung dieses Rückstandes wurde das Calciumcarbid durch eine Zuckerlösung zersetzt; hierdurch wurde der Kalk als Calciumsaccharat in Lösung erhalten.

[1]) C. Willgerodt. Berichte der deutschen chemischen Gesellschaft, p. 2107; 1895.

De Brevans. *L'éclairage à l'acétylène.* Zweiter internationaler Kongress für angewandte Chemie, t. III. p. 506.

E. Hubou. *Applications de l'acétylène,* ebendaselbst, p. 516.

Girard. *Analyse de l'acétylène obtenu par le carbure de calcium,* ebendaselbst, p. 574.

Bergé et Reychler. *Bulletin de la Société chimique,* t. XVII. p. 218.

[2]) Chuard. *Sur les produits de décomposition du carbure de calcium par l'eau, Bulletin de la Société chimique de Paris,* t. XVII. p. 678.

Der ziemlich geringe Rückstand (als Ausgangsmaterial hatten 10 g Carbid gedient) wurde auf ein Filter gebracht und zuerst mit Zuckerlösung und hierauf mit reinem Wasser gewaschen, wobei wohl darauf geachtet wurde, dass diese beiden Flüssigkeiten keine Kohlensäure enthielten. Hernach behandelte man mit Alkohol und Äther und trocknete schliesslich das Filter bei 40° im Vacuum.

Unter dem Mikroskope erscheint der Rückstand hauptsächlich aus Carborundum, Calciumsilicid und Eisensilicid, weissen, stark kalkhaltigen Teilchen und mitunter etwas Schwefelcalcium und Graphit zusammengesetzt.

Behandelt man diesen Rückstand mit zehnprozentiger Salzsäure, so verliert er ein wenig an Gewicht; in der Lösung findet man dann Eisen, Kalk und etwas Thonerde und Phosphor. Carborundum und Graphit bleiben unversehrt; das Schwefelcalcium ist verschwunden.

Lässt man nunmehr concentrierte Salzsäure einwirken, so werden wieder Kalk, Eisen und Kieselsäure gelöst. Zwischen der Ausbeute an Acetylen und der Menge der unlöslichen Substanzen besteht kein Verhältnis.

Bei Ausführung dieser verschiedenen Operationen an denselben Proben wurden folgende Zahlen erhalten:

	I.	II.	III.	IV.	V.
Behandlung mit Zuckerlösung . . .	3,4	5,3	3,2	3,9	3,4
„ „ zehnprozentiger Salzsäure	2,1	1,9	1,5	2,4	1,4
Behandlung mit konzentrierter Salzsäure	1,7	1,7	1,4	2,2	1,1

Durch genaue Verfolgung dieser Reaktionen und vergleichende mikroskopische Untersuchung der Rückstände konnte die Art der meisten Verunreinigungen ermittelt werden.

Silicium. — Silicium findet sich zumeist als Carborundum vor. Diese Verbindung ist unter dem Mikroskope leicht zu erkennen, da die hexagonalen, grün oder blau gefärbten Krystalle sehr charakteristisch sind. Infolge seines grossen spezifischen Gewichtes (3,12) und seiner

Beständigkeit kann das Carborundum leicht von den anderen Substanzen getrennt werden. Behandelt man den Rückstand des Calciumcarbids successive mit kochender Schwefelsäure und Fluorwasserstoffsäure, so hinterbleiben schliesslich nur Carborundum und Graphit, die durch Bromoform, welches die Dichte 2,9 besitzt, leicht getrennt werden können.

Das Silicium tritt mitunter auch als Calciumsilicid auf, wie von Le Chatelier[1]) berichtet wird.

In dem Gemenge findet man dann und wann auch kleine Kugeln von metallischem Bruch, bestehend aus Eisen, Kohlenstoff und Silicium.

Endlich beobachtet man auch die von Marsden[2]) beschriebenen aufeinandergeschichteten Kieselsäurekrystalle.

Calciumcarbid, welches sich unter Einwirkung einer geringen Menge Wasser infolge der Selbstentzündung von Siliciumwasserstoff an der Luft entzündete, habe ich für meinen Teil nie in Händen gehabt. Bei der Behandlung der Rückstände mit concentrierter Salzsäure dagegen konnte ich oft eine Entwicklung von Siliciumwasserstoff konstatieren, welches Gas jedenfalls durch Zersetzung von Calciumsilicid gebildet wurde.

Schwefel. — In den von mir untersuchten Mustern wurde Schwefel in Form von Schwefelcalcium oder Schwefelaluminium gefunden. Schwefelcalcium konnte wiederholt in dem Rückstande nach der Behandlung mit Zuckerlösung nachgewiesen werden, indem man unter dem Mikroskope eine verdünnte, mit einigen Tropfen Säure angesäuerte Lösung von Bleiacetat darauf einwirken liess. Die weissen Teilchen Schwefelcalcium werden vollständig schwarz. Bei Gegenwart von Calciumhydroxyd entsteht durch Einwirkung von Wasser auf dieses Schwefelcalcium kein Schwefelwasserstoff.

Man findet übrigens im Acetylen keinen Schwefelwasserstoff, wenn das Carbid durch überschüssiges Wasser zersetzt wird, da die

[1]) Le Chatelier. Sur les impuretés du carbure de calcium commercial, *Bulletin de la Société Chimique de Paris* t. XVII, p. 793.

[2]) Marsden. *Proceedings of the Royal Society.* Edinburgh, 1880—1881, p. 20.

gebildete Kalkmilch immer das Bestreben hat, eventuell gebildeten Schwefelwasserstoff zurückzuhalten.

Bei der Darstellung des Calciumcarbids werden die im Kalk enthaltenen Sulfate reduziert, und es entsteht Schwefelcalcium, welches durch Wasser nicht zersetzt wird. Enthält dagegen der Kalk Aluminiumsilikat, so liefert das Silicium mit Kohlenstoff Carborundum, und wenn Schwefel als Sulfat oder Sulfid zugegen ist, kann ein Schwefelaluminium entstehen, welches durch kaltes Wasser unter Bildung von Schwefelwasserstoff zersetzt wird.

Mourlot erhielt durch Erhitzen von Schwefelantimon und Aluminium im elektrischen Ofen ein vollständig geschmolzenes Aluminiumsulfid, welches krystallinischen Bruch zeigte und bei jener hohen Temperatur absolut beständig war. Das unter gleichen Verhältnissen hergestellte Calciumcarbid kann demnach Schwefelaluminium enthalten, welches beim Zusammenbringen mit kaltem Wasser Schwefelwasserstoff liefert.

Als Schwefelsilicium kann Schwefel nicht vorkommen und zwar aus folgenden Gründen: Erhitzt man in einem Schiffchen unreines, siliciumhaltiges Aluminium in einem Schwefelwasserstoffstrome bis zur Rotglut, so erhält man in dem Schiffchen geschmolzenes Schwefelaluminium und in dem kalten Teile des Rohres einen ringförmigen Beschlag von Schwefelsilicium. Dieses letztere ist also sehr leicht flüchtig und kann daher in Calciumcarbid, welches im elektrischen Ofen dargestellt wurde, nicht enthalten sein.

Enthält Calciumcarbid eine gewisse Menge Schwefelcalcium, so liefert es bei Einwirkung von Wasser Spuren einer organischen Verbindung, welche schwefelhaltig ist und sich von Schwefelwasserstoff genau unterscheidet. Der Nachweis hierfür konnte in folgender Weise erbracht werden: Das durch Zersetzung des Carbids mit überschüssigem Wasser entstehende Acetylen wurde durch zwei Liebig'sche Kaliapparate geleitet, welche mit einer Lösung von Kupfernitrat oder Ätzkali oder auch Bleinitrat gefüllt waren. Hierauf wurde das Gas verbrannt, und die Verbrennungsprodukte mittels eines Aspirators durch eine kleine Menge destilliertes Wasser von 0° hindurchgesaugt. In allen drei Fällen bildete sich bei der Verbrennung selbst eine kleine Menge Schwefelsäure, die hierauf leicht nachzuweisen war. In den Kaliapparaten war auch die geringste Spur Schwefelwasserstoff zurückgehalten worden, und trotzdem ging eine schwefelhaltige Verbindung hindurch[1]). Ein unter gleichen Bedingungen mit der Luft des Laboratoriums ausgeführter Parallelversuch hatte ein negatives Resultat ergeben.

Die deutlichste Reaktion wurde erzielt, wenn das Acetylen mit einer alkalischen Lösung gewaschen worden war. In diesem Falle wurde die in dem ersten Kaliapparat befindliche Lösung von Kupfernitrat oder Bleisalz durch die Einwirkung von Phosphorwasserstoff geschwärzt, enthielt aber nach dem Versuche nur Spuren, oft jedoch auch gar keinen Schwefel. Es war daher in dem Gase kein Schwefelwasserstoff enthalten gewesen.

An drei Proben Calciumcarbid wurde eine Bestimmung des Gesamtschwefels ausgeführt, die folgende Zahlen ergab:

	I.	II.	III.
S	0,37	0,43	0,74 %.

Diese Analyse wurde auf folgende Weise ausgeführt: Einige Gramm Calciumcarbid wurden durch eine geringe Menge Alkalilauge zersetzt, und hierauf das Ganze zur Trockene gedampft. Der Rückstand wurde mit einem Gemenge von Alkalicarbonat und -nitrat aufgeschlossen. Nach dem Aufnehmen durch Wasser wurde die Flüssigkeit filtriert, mit Salzsäure angesäuert, mit Ammoniak behandelt, nochmals filtriert, und hierauf der Schwefel bestimmt. Pope hatte früher eine etwas verschiedene Methode für diese Analyse vorgeschlagen[2]).

[1]) Lunge und Cederkreuz erhielten dasselbe Resultat beim Hindurchleiten von Acetylen durch eine Lösung von Bleiacetat und Oxydation desselben mit Hülfe einer Lösung von Natriumhypochlorit. Es wurde sodann durch Chlorbaryum ein weisser Niederschlag gefällt.

[2]) Pope. Bestimmung des Schwefels im Calciumcarbid. *Journal of the American Society*, t. XVIII, p. 740.

Eisen. — Eisen findet sich als Silicid und Silicocarbid vor. Der Gehalt daran ist sehr verschieden und abhängig von der Reinheit des verwendeten Kohlenstoffes [1]).

Phosphor. — Dieses Metalloid ist die lästigste Verunreinigung des Calciumcarbids. Der grösste Teil findet sich als Phosphorcalcium vor, welches durch Wasser zersetzbar ist; man trifft indes auch Phosphor in den kleinen metallisch aussehenden Kugeln an, welche Eisen und Silicium enthalten.

Kohlenstoff. — Einige Proben Calciumcarbid enthielten eine gewisse Menge Graphit in sehr dünnen, mitunter hexagonalen, zumeist jedoch verzogenen, unregelmässigen Blättchen. Dieser Graphit ist nicht aufquellbar und hält energisch Kieselsäure und Calcium zurück.

Da endlich auf die Möglichkeit des Vorkommens von Diamanten im technischen Calciumcarbid aufmerksam gemacht worden war, wurde nach dieser Richtung eine besondere Untersuchung vorgenommen. Nach Zersetzung mit Wasser und Behandlung mit concentrierter Salzsäure wurde der Rückstand nach der früher für die Trennung von Diamanten von allen möglichen Beimengungen angegebenen Methode weiter untersucht. Es wurden auf diesem Wege einige durchsichtige, abgerundete Teilchen erhalten, die indes nicht das geringste krystallinische Aussehen zeigten und in Sauerstoff nicht verbrannten. Keine der untersuchten Proben Calciumcarbid enthielt Diamanten.

Einwirkung von Calciumcarbid auf Oxyde.

Geschmolzenes Calciumcarbid wirkt auf Oxyde energisch ein [2]). Verbindet sich das Metall nicht mit Kohlenstoff, wie dies bei Blei,

[1]) In manchen Carbiden findet man eisenhaltige, kugelförmige Massen von metallischem Aussehen und mehreren Kubikcentimetern Inhalt, die zumeist von den Fassungen der Elektroden herrühren und nicht näher untersucht wurden.

[2]) H. Moissan. Nouvelle méthode de préparation des carbures. *Comptes rendus de l'Academie des Sciences,* t. CXXV, p. 839.

Zinn und Wismut der Fall ist, so wird es in Freiheit gesetzt und kann abgeschieden werden oder je nach den Versuchsbedingungen mit den sich zugegen befindlichen Körpern Verbindungen eingehen.

Ist das Metall oder das Metalloid des Oxyds befähigt, sich mit Kohlenstoff zu verbinden, so tritt eine doppelte Umsetzung ein, entsprechend der Gleichung

$$RO + CaC_2 = CaO + R_nC$$

in welcher R ein beliebiges Metall, und n die Zahl der damit in Verbindung tretenden Kohlenstoffatome bedeutet.

Auf diese Weise konnten die Carbide von Aluminium, Chrom, Mangan, Wolfram, Titan und Silicium dargestellt werden, die entweder schon durch direkte Vereinigung oder durch Reduktion des Oxydes erhalten worden waren[1]).

Magnesiumcarbid.

Erhitzt man Magnesiumpulver vorsichtig in einem Acetylenstrom (nach **Berthelot**), so erhält man ein unreines Magnesiumcarbid, welches mit Kohle vermengt ist, beim Zusammenbringen mit kaltem Wasser jedoch deutlich Acetylen entwickelte.

Dieses Magnesiumcarbid wurde in einen Doppeltiegel aus reinem Graphit gebracht und in einem einseitig geschlossenen Kohlerohre mit einem Strome von 600 Ampères bei 60 Volts sechs Minuten lang erhitzt. Nach dem Erkalten lieferte die im Tiegel enthaltene schwarze Substanz beim Zusammenbringen mit Wasser nicht die geringste Gasentwicklung. Das Magnesiumcarbid war also unter Einwirkung der hohen Temperatur vollständig zersetzt worden. Dieser Versuch kann zur Erklärung dafür dienen, dass Magnesia in Kohlentiegeln geschmolzen und in flüssigem Zustand erhalten werden konnte, ohne dass hierbei eine Reduktion eintrat. Bei der Schmelztemperatur von Magnesia kann das Magnesiumcarbid nicht mehr bestehen.

[1]) Siehe „Der elektrische Ofen".

Berylliumcarbid.

Berylliumcarbid $C_3 Be_4$ wurde von Lebeau[1]) durch Einwirkung von Kohle auf reine Beryllerde, welche aus Smaragd[2]) gewonnen worden war, dargestellt.

Behandlung von Smaragd im elektrischen Ofen.

Bringt man Smaragd in einem Kohlerohr in den elektrischen Ofen und lässt acht bis zehn Minuten lang einen Strom von 950 Ampères und 45 Volts darauf einwirken, so verflüchtigt sich der grösste Teil der Kieselsäure, und in dem erhitzt gewesenen Teil hinterbleibt eine geschmolzene, metallisch aussehende Masse, die aus einem Gemenge von Aluminiumcarbid, Berylliumcarbid, Siliciumeisen und Carborundum besteht. Diese Masse wird durch verdünnte Säuren angegriffen, wobei eine Lösung von Thonerde und Beryllerde erhalten wird. Mit Hülfe von Fluorwasserstoffsäure gewinnt man direkt eine Lösung von ziemlich reiner Beryllerde, während die Thonerde als unlösliches Fluorid zurückbleibt.

Verwendet man statt Kohle ein energischeres Reduktionsmittel, Calciumcarbid, so erhält man, was die Ausbeute an Beryllerde betrifft, bessere Resultate.

Ungefähr 50 kg fein gepulverter Smaragd wurden mit 50 kg Calciumcarbid gemischt, und das Gemenge in einem zur Darstellung von Calciumcarbid dienenden Ofen $1^1/_2$ Stunden lang mit Hülfe eines Stromes von 1500 Ampères erhitzt. Die in dem Ofen zurückbleibende geschmolzene Masse hatte ein Gewicht von 31 kg. Ausserdem blieb noch pulverförmige Mischung zurück, die nicht genügend erhitzt worden war. Die geschmolzene Masse wird zerkleinert und an der feuchten Luft liegen gelassen, wobei sie sich zersetzt und von selbst zu Pulver zerfällt. Beryllium und Aluminium sind dann als Carbide oder Hydrooxyde vorhanden. Eine beträchtliche Menge

[1]) Lebeau. *Comptes rendus*, t. CXXI, p. 696.
[2]) Lebeau. *Comptes rendus*, t. CXXVI, p. 1202.

Beryllerde kann durch Digerieren mit Ammoniumcarbonat extrahiert werden. Diese Behandlung erfordert aber sehr viel Zeit. Durch Verwendung von Schwefelsäure oder Flusssäure kann man rasch 90 bis 95 % der in dem Smaragd enthalten gewesenen Beryllerde gewinnen.

Darstellung von Berylliumcarbid.

Reine Beryllerde wird mit der Hälfte ihres Gewichtes Zuckerkohle innig gemischt, das Gemenge mit etwas Öl angerührt und in Form von kleinen Zylindern gepresst. Diese werden bei beginnender Rotglut geglüht und hierauf in einem Kohlerohr im heissesten Teile des elektrischen Ofens mit einem Strom von 950 Ampères bei 45 Volts erhitzt. Bei Verwendung eines schwächeren Stromes würde ein stickstoffhaltiges Produkt erhalten werden.

Wenn die Operation gut durchgeführt wurde, findet man im Inneren des Rohres eine Schmelze von krystallinischem Bruch, die mit Graphit bedeckt ist und eine rötliche Färbung zeigt. Dieses Produkt enthält keinen Stickstoff und überhaupt als einzige Verunreinigung nur eine kleine Menge Graphit.

Eine für diese Verbindung charakteristische Reaktion, durch welche sie sich dem Aluminiumcarbid nähert, ist die Zersetzung mit Wasser, wobei Methan entsteht. Diese Reaktion, welche sogar in saurer Lösung sehr langsam verläuft, geht im Gegensatz hierzu mit heissen concentrierten Alkalilösungen rasch und vollständig vor sich.

Verschiedene Analysen ergaben folgende Resultate:

	1.	2.	3.	4.	
Beryllium . . .	59,53	59,17	60,91	59,76	%
Kohlenstoff . . .	40,47	40,83	39,09	40,24	„

Nimmt man das Atomgewicht des Berylliums zu 13,8 an, so erhält man für die Formel $C_3 Be_4$

Beryllium	60,52	%
Kohlenstoff	39,47	„

Einwirkung von Kohlenstoff auf Eisen.

Die Untersuchung des Eisencarbids hatte schon seit langer Zeit die Aufmerksamkeit der chemischen Forscher gefesselt. Es sei hier nur auf die zahlreichen über diesen Gegenstand veröffentlichten Abhandlungen hingewiesen und besonders auf die Arbeiten von F. Abel, Decring, Müller, Osmond und Woerth (1885), Arnold und Read (1894), auf die Arbeit von Mylius, Foerster und Schwenz, welche ein Muster von eingehender Forschung und Experimentierkunst ist, auf die von Campbell (1896), welche besonders die Zersetzung von Eisencarbid durch verdünnte Salzsäure und die Bildung gasförmiger und flüssiger Kohlenwasserstoffe behandelt, und endlich von Jüptner (1896) über das Mass der Sättigung von Eisen mit Kohlenstoff. Zahlreiche Abhandlungen über denselben Gegenstand können übergangen werden.

Aus allen diesen Forschungen geht deutlich hervor, dass geschmolzener oder gehärteter Stahl ein krystallisiertes Carbid enthält, welches der Formel Fe_3 C entspricht und mit grösster Leichtigkeit darzustellen ist.

Hochofen-Säue.

Bevor nun auf diesem Gebiete weitergegangen wurde, wollte ich unter allen Umständen einige Hochofensäue untersuchen, welche nach Angabe verschiedener Forscher bestimmte Eisencarbide von sehr verschiedener Zusammensetzung enthalten sollten.

1. Zunächst wurde eine Eisensau aus einem Hochofen in Denain untersucht, welches Muster uns von Herrn M. Meteyer, Ingenieur der Société de Denain et Anzin in liebenswürdigster Weise zur Verfügung gestellt worden war. Es bestand aus krystallisiertem Gusseisen und war auf dem Boden des Hochofens No. 3 vorgefunden worden.

Die Stückchen von mehreren Kubikcentimetern Inhalt schienen beim ersten Anblick krystallisiert zu sein, bei näherer Betrachtung zeigte sich indes, dass die biëdrischen Winkel auf der gleichen

Kante keine Regelmässigkeit besassen, und die Flächen mehr oder weniger gekrümmt waren. Die Analyse einer Probe ergab die Zahlen:

Eisen	87,99 %
Kohlenstoff . . .	8,75 „
Silicium	2,17 „

Wiederholt man die Analyse an verschiedenen Teilen desselben Stückes, so ergiebt sich ein ziemlich verschiedener Gehalt an Kohlenstoff. Die scheinbaren Krystalle waren einfach dadurch entstanden, dass flüssiges Gusseisen zwischen breite Graphitblättchen eingepresst wurde, und stimmen daher auf keine bestimmte Form.

Der nach Zerstörung des Graphits hinterbleibende unlösliche Rückstand enthielt keinen Diamant.

2. Die zweite Ofensau, die zu diesen Untersuchungen diente, verdankte ich Herrn Tromholt. Dieselbe stammt aus dem Hochofen No. 3 der Firma Metz & Cie. in Esch sur l'Alzette (Grossherzogtum Luxemburg).

Muster A. — Dieses Muster bestand aus kompakten, nicht homogenen Stücken und stammte aus einem krystallinischem Teile der Sau, die nur wenig Gusseisen enthielt. Bei Behandlung mit Salzsäure zerfällt die Masse vollständig; es hinterbleibt ein reichlicher Rückstand, welcher zum Teil durchsichtig ist und viel Graphit enthält. Man behandelt nun abwechselnd mit Fluorwasserstoffsäure und Schwefelsäure und zerstört hierauf den Graphit durch chlorsaures Kalium und Salpetersäure. Die geringe Menge zurückbleibender Substanz wird zunächst der Einwirkung von geschmolzenem Bisulfat, hierauf von geschmolzenem Fluorkalium--Fluorhydrat und endlich von kochender Schwefelsäure ausgesetzt. Nach dieser ganzen Behandlung bleibt nichts zurück, was im Gesichtsfelde des Mikroskops erkennbar wäre. Der Rückstand enthielt also keinen Diamant.

Muster B. — Dieses Muster bestand aus 58 g nicht homogener Substanz und enthielt purpurrote Krystalle von Stickstofftitan, oktaëdrische Krystalle von Titansäure und andere gelbe und schwarze Krystalle inmitten von geschmolzenen Massen, die nur zum geringsten Teile metallisches Aussehen zeigten.

Die Zusammensetzung des Metalles entspricht keiner bestimmten Formel. Nach Behandlung der Substanz in der weiter oben beschriebenen Weise hinterblieb kein unter dem Mikroskope wahrnehmbarer Rückstand.

Muster C. — Ein Stück von 42 g enthielt auch nicht eine Spur von Diamant.

Diese Muster boten besonderes Interesse, weil Rossel darauf hingewiesen hatte, dass diese Eisensäue von Esch-sur-l'Alzette durchsichtige Diamanten enthielten. In den von mir untersuchten Stücken konnten indess keine entdeckt werden.

Eisencarbid.

Bei Gelegenheit der Erforschung der verschiedenen Metallcarbide, mit welcher ich und meine Schüler uns seit einer Reihe von Jahren beschäftigen, ergab sich auch die Notwendigkeit, die Einwirkung von Kohlenstoff auf reines Eisen bei immer höheren und höheren Temperaturen zu untersuchen.

Schmilzt man schwedisches Eisen oder reines Eisen, welches durch Reduktion von Eisenoxyd im Wasserstoffstrom erhalten worden war, zusammen mit Zuckerkohle im elektrischen Ofen, so beobachtet man, dass die Schmelze mit steigender Temperatur immer dickflüssiger wird. Bei einer dem Schmelzpunkt des Titans nahe liegenden Temperatur ist der Inhalt des Kohletiegels so zäh geworden, dass man den Tiegel umkehren kann, ohne dass etwas herausfliesst. Sobald die Temperatur sinkt, wird das Metall nach wenigen Augenblicken allerdings wieder so dünnflüssig wie Wasser. Die Masse erstarrt beim Erkalten zu einem Eisenklumpen, der dicht mit Graphit bedeckt ist und alle Merkmale von Grauguss besitzt.

Bei Untersuchung des erkalteten Metalles findet man, besonders wenn man von ganz reinem Eisen ausgegangen ist, nur sehr wenig gebundenen Kohlenstoff, ungefähr ein Prozent, dagegen zahlreiche Krystalle von Graphit.

Aus den Analysen der Hochofensäue, sowie aus den voranstehenden Versuchen folgte also, dass bei gewöhnlichem Abkühlen einer Eisenschmelze mehr oder weniger Graphit und nur wenig gebundener Kohlenstoff erhalten wurde. Bei Behandluug einer solchen Schmelze mit verdünnten Säuren entweicht ein grosser Teil des Kohlenstoffs in Form von gasförmigen Kohlenwasserstoffen, und der andere Teil hinterbleibt in Gestalt mehr oder weniger complicierter Verbindungen, die bis jetzt nur mangelhaft untersucht wurden.

Bei Gelegenheit der Darstellung von durchsichtigen oder krystallisierten Diamanten durch plötzliche Abkühlung von Gusseisen in Wasser wurden oft im Inneren des Metalles strahlenförmige Teilchen beobachtet, deren Aussehen an Boreisen oder Siliciumeisen erinnerte, welche Verbindungen genau bestimmt und krystallisiert sind. Ich war damals der Ansicht, dieses Eisencarbid könnte vielleicht bei einer sehr hohen Temperatur existieren und beim Abkühlen bis zum Erstarrungspunkt des Eisens nahezu vollständig zersetzt werden. Beispiele für eine ähnliche Zersetzung sind in der Chemie zu finden. So hatten Henri Sainte-Claire Deville und Debray festgestellt, dass bei plötzlicher Abkühlung der Dämpfe von siedendem Silber an der Luft, das metallische Silber, welches man erhält, Silberoxyd einschliesst. Dieses Silberoxyd war also bei einer weit über seinem Zersetzungspunkt liegenden Temperatur gebildet worden.

Ebenso hatten Troost und Hautefeuille gezeigt, dass Ozon, welches bei der geringsten Temperatursteigerung so leicht zerfällt zwischen 1300 ⁰ und 1400 ⁰ entstehen kann.

Meiner Ansicht nach ist die direkte Darstellung von Eisencarbid ein neues Beispiel für diese merkwürdigen Erscheinungen. Kühlt man nämlich mit Kohlenstoff gesättigtes, geschmolzenes Eisen plötzlich ab, so erhält man einen Metallklumpen, der viel Eisencarbid, bis zu 5,25 % gebundenen Kohlenstoff, enthält.

Darstellung von Eisencarbid.

Handelt es sich darum, sehr reines Carbid zu erhalten, so muss man die vollständige Sättigung des Eisens vermeiden und die Bildung von Graphit verhindern. Zu diesem Zwecke erhitzt man im elektrischen Ofen 500 g schwedisches Eisen in einem Kohletiegel, welcher den erforderlichen Kohlenstoff liefert, während drei Minuten mit Hülfe eines Stromes von 900 Ampères bei 60 Volts. Man öffnet hierauf den Ofen, fasst den Tiegel mit einer Zange und taucht ihn in ein mit Wasser gefülltes Gefäss. Kurz, die Wiederholung des Versuches, welcher zur Darstellung von Diamanten gedient hatte. Ob jetzt die Schmelze gut oder schlecht gelungen ist, ob Druck vorhanden ist oder nicht, es entsteht immer Eisencarbid.

Das auf diesem Wege erhaltene Eisen ist sehr hart und spröde, besitzt oft ein auffallend krystallinisches Aussehen und enthält keine Spur von Graphit, dagegen 3 bis 4 % gebundenen Kohlenstoff, wie aus folgenden Analysen hervorgeht:

	1.	2.	3.	4.
Gebundener Kohlenstoff . .	3,31	3,49	3,68	3,92 %

Zur Abscheidung der in dem Metall deutlich sichtbaren Krystalle von Eisencarbid wurden die von Mylius, Foerster und Schwenz in ihrer Arbeit über das in Stahl vorkommende Carbid angegebenen Methoden verwendet mit einigen Modifikationen, die darauf abzielten, ein sehr reines Produkt zu erhalten.

1. Zwei Stücke Eisen werden in eine mit 7 prozentiger Salzsäure gefüllte Krystallisierschale gebracht und mit dem positiven Pole von zwei Bunsenelementen verbunden. Die beiden negativen Pole sind in Verbindung mit einer vertikal in der Mitte der Krystallisierschale stehenden Kohlenplatte.

Nach 24 Stunden nimmt man die Stücke heraus und entfernt alle leicht abgehende Substanz, die aus einem Gemenge von Carbid und amorphem Kohlenstoff besteht.

2. Die Eisenstücke werden in einem ausgezogenen Glasrohre drei Wochen lang in einer sehr verdünnten Säure unter Vermeidung von Luftzutritt liegen gelassen.

Wenn man nur wenig Carbid auf einmal darstellen will, kann man mit concentrierteren Säuren und in der Wärme arbeiten. Da das Eisen im allgemeinen leichter angegriffen wird, als das Carbid, hinterbleibt letzteres als Rückstand bei gemässigter Einwirkung von Mineralsäuren, organischen Säuren, Jodwasser, Chromsäure usw.

Durch Behandlung von fein gepulvertem Eisen mit Normal-Salpetersäure erhält man Carbid, welches mit einer geringen Menge leichten Kohlenstoffes verunreinigt ist. Halbnormale Salpetersäure liefert nach einigen Stunden nahezu reines Carbid.

Reinigung. — Welches Verfahren auch angewendet wird, das Carbid enthält stets eine wechselnde Menge von freiem Kohlenstoff und flüssige oder feste Kohlenwasserstoffe, die in Äther wenig löslich sind. Ein reines Produkt, welches genau der Formel Fe_3C entspricht, kann man durch Behandlung des unreinen Carbids mit möglichst wasserfreier, rauchender Salpetersäure erhalten. In der Kälte wird das Eisencarbid nicht angegriffen, sondern die Zersetzung tritt erst beim Siedepunkte der Säure ein.

Belässt man das Carbid zwei Stunden lang in rauchender Salpetersäure bei einer Temperatur von 35 ^{0}, so werden der freie Kohlenstoff und die Kohlenwasserstoffe in lösliche Verbindungen übergeführt. Hierauf giesst man das Gemenge in überschüssiges Wasser, dekantiert die Flüssigkeit, wäscht den Rückstand mit Alkohol und Äther und trocknet in einer Kohlensäureatmosphäre bei 100 ^{0}, wobei darauf zu achten ist, dass das Carbid erst dann aus der neutralen Atmosphäre entfernt wird, wenn es vollständig trocken ist.

Die Reinigung des Eisencarbids mit Salpetersäure kann durch Zusatz einer kleinen Menge chlorsauren Kaliums beschleunigt werden. Statt dieser Mischung kann auch eine wässrige 10 prozentige Chromsäurelösung verwendet werden, welche man so lange bei Siedehitze einwirken lässt, bis die Krystalle schön glänzend geworden sind.

Eigenschaften. — Dieses Carbid, welches, wie aus den weiter unten folgenden Analysen hervorgeht, der Formel Fe_3C entspricht, hat das gleiche Aussehen, wie das aus Stahl gewonnene Produkt, nur sind die Krystalle grösser. Es ist glänzend weiss, die Krystalle sind teils zertrümmert, teils von ziemlich regelmässiger Form. Die Dichte beträgt 7,07 bei $+ 16^{0}$.

In der Kälte wird es von trockenem Sauerstoff nicht angegriffen, dagegen zerfällt es an feuchter, kohlensäurehaltiger Luft ziemlich rasch. Erhitzt man es in Sauerstoff, so verbrennt es, je nachdem es mehr oder weniger fein verteilt ist, mehr oder weniger leicht. In Form von feinem Pulver kann es sich in feuchter Luft sogar unterhalb von 150° entzünden.

Das Eisencarbid wird in Schwefeldampf bei 500° glühend und verbrennt in Chlor bei einer unterhalb von 100° liegenden Temperatur unter Feuererscheinung, welche auch bei Bromdampf um 100° herum zu beobachten ist. Joddampf dagegen wirkt erst bei Rotglühhitze ohne Feuererscheinung ein.

Chlorwasserstoff greift es bei 600° an, wobei Eisenchlorür und Wasserstoff entstehen, welch letzterer eine geringe Menge von Kohlenwasserstoffen enthält.

Rauchende Salpetersäure wirkt auf das Carbid in der Kälte nicht ein, auch wenn es sehr fein verteilt ist oder wenn man einen Platindraht hinzubringt. Fügt man jedoch nur eine kleine Menge Wasser hinzu, so tritt sofort Zersetzung ein.

Alle verdünnten Säuren greifen Eisen viel rascher an, als das Carbid. Bei Siedehitze erfolgt sofort vollständige Zersetzung.

Erhitzt man Eisencarbid im zugeschmolzenen Rohr mit verdünnter Salzsäure, so wird Wasserstoff und Methan entwickelt.

H	86,3 cc
CH_4 . . .	13,7 „

Mit concentrierter Säure wurden unter sonst gleichen Bedingungen erhalten:

H	73,5 cc
CH_4 . . .	26,5 „

Reines Wasser wirkt auf Eisencarbid bei Temperaturen zwischen 0° und 150° nicht ein, ebensowenig gesättigte Lösungen von Chlornatrium und Chlormagnesium.

Nach der Gesamtheit seiner Eigenschaften steht es übrigens dem im Stahl enthaltenen Eisencarbid sehr nahe.

Analysen.

Auf elektrolytischem Wege abgeschiedenes Carbid.

	1	2	3	Theoretisch
Eisen	93,40	93,22	93,14	93,33 %
Kohlenstoff . .	6,47	6,67	6,67	6,66 „

Mittelst Jodwasser gereinigtes Carbid.

	1	2
Eisen	93,10	93,25 %
Kohlenstoff . . .	6,66	—

Mit verdünnten Säuren gereinigtes Carbid.

	1	2
Eisen	93,17	93,56 %
Kohlenstoff . . .	6,58	6,61 „

Wolframcarbid.

Beim Erhitzen von Wolfram mit überschüssiger Kohle im elektrischen Ofen wird das Carbid W_2C erhalten, welches bereits früher beschrieben wurde[1]).

Williams[2]) erhitzte im elektrischen Ofen ein Gemenge von

Wolframsäure	120 g
Petroleumcoke	20 g
Eisen	150 g

und konnte in der Schmelze neben einer grossen Menge Eisen und Doppelcarbid ein bestimmtes Carbid von der Formel WC nachweisen.

[1]) Siehe „Der elektrische Ofen" Seite 216.

[2]) P. WILLIAMS. *Comptes rendus de l'Académie des Sciences*, t. 126; p. 1722.

Die Abscheidung dieses Körpers gelang, indem der grösste Teil der Verunreinigungen mittelst eines Magneten, der Graphit mit Hülfe des Dichte-Unterschiedes, und die letzten Reste durch Chlor entfernt wurden.

Die Analyse ergab folgende Zahlen:

	1	2	3	Theoretisch f. WC
Wolfram	93,55	93,52	93,60	93,88
Kohlenstoff . . .	5,87	6,20	6,08	6,12

Eisen-Wolfram-Doppelcarbid.

Beim Erhitzen eines Gemenges von Wolframsäure, Eisen und Petroleumcoke im elektrischen Ofen erhielt Williams[1]), wie schon oben bemerkt, ein Gemenge von Wolframcarbid und von Doppelcarbiden von Wolfram und Eisen. Setzt man dieses Gemenge der Einwirkung eines Magneten aus, so kann man Krystalle abscheiden. Behandelt man dieselben hernach mit Königswasser, so geht die Hälfte davon in Lösung, und es hinterbleibt ein metallisch glänzendes Pulver, welches ziemlich genau der Formel $2Fe_3C . 3W_2C$ entspricht. Die geringen Analysen-Differenzen rühren davon her, dass eine kleine Menge des zweiten Doppelcarbids nicht vollständig entfernt werden konnte.

Die Analyse ergab folgende Resultate:

	1	2	3	Theoretisch für $2Fe_3C . 3W_2C$
Wolfram . .	72,00	71,40	71,30	73,60 %
Eisen	23,18	23,50	23,80	22,40 „
Kohlenstoff . .	3,80	4,20	—	4,00 „

[1]) P. WILLIAMS. *Comptes rendus de l'Academie des Sciences,* t. 127; p. 410.

Metallsilicide.

Eisensilicide.

Die Bildung eines krystallisierten Siliciumeisens $SiFe_2$ durch direkte Vereinigung von Silicium und Eisen im elektrischen Ofen wurde bereits früher beschrieben[1]. Lebeau[2]) liess Siliciumeisen aus überschüssigem Siliciumkupfer krystallisieren und erhielt so die Verbindung SiFe, welche schon von Fremy und Hahn dargestellt worden war.

Man erhitzt in einem Kohlerohr im elektrischen Ofen ein Gemenge von grob gepulvertem käuflichem Siliciumkupfer mit 10 % seines Gewichtes reinen Eisenfeilspänen mit Hülfe eines Stromes von 950 Ampères bei 45 Volts vier bis fünf Minuten lang und erhält so einen vollständig geschmolzenen Klumpen, welcher einen homogenen, schön krystallinischen, metallisch weissen Bruch zeigt, dessen Aussehen an frische Bruchflächen von Siliciumkupfer erinnert. Nach Behandlung mit Salpetersäure und hierauf mit Natronlauge, um die gebildete gallertartige Kieselsäure zu entfernen, erhält man ein Siliciumeisen von der Formel SiFe in metallisch glänzenden Krystallen.

Diese Reaktion kann auch zur Darstellung anderer Silicide, besonders der von Nickel, Kobalt und Chrom dienen.

[1]) Siehe „Der elektrische Ofen“ Seite 319.

[2]) LEBEAU. *Comptes rendus de l'Académie de Sciences*, t. 128; p. 933.

Mangansilicid.

Vigouroux[1]) erhielt ein Mangansilicid von der Formel $SiMn_2$

1. durch direkte Einwirkung von Silicium auf Mangan,
2. durch Einwirkung von Silicium auf das Oxyd,
3. durch Einwirkung von Kohlenstoff auf ein Gemenge von Kieselsäure und Oxyd.

Man erhält so ein genau bestimmtes, metallisch glänzendes Silicid von grosser Stärke und Sprödigkeit. Seine Dichte beträgt 6,6 bei 15°. Es zeigt hellgelbe Reflexe, verändert sich an der Luft nicht und schmilzt bei der Temperatur des Cupolofens.

Nickelsilicid und Kobaltsilicid.

Vigouroux[2]) stellte diese Verbindungen dar, indem er im elektrischen Ofen ein Gemenge von 10 Teilen Silicium und 90 Teilen des betreffenden Metalles erhitzte. Die Vereinigung erfolgt sofort, und das überschüssige Metall destilliert hierauf ab. Man erhält so eine grauweisse, sehr harte und spröde Schmelze, bestehend aus dem dem Metalle entsprechenden Silicid.

Die Analyse ergab folgende Resultate:

	1	2	Berechnet für $SiNi_2$
Silicium	18,36	19,25	19,28
Nickel	81,66	81,00	80,72

	1	2	Berechnet für $SiCo_2$
Silicium	20,04	19,12	19,25
Kobalt	80,70	80,28	80,75

[1]) VIGOUROUX. *Comptes rendus de l'Académie de Sciences,* t. 121; p. 771.
[2]) VIGOUROUX. *Comptes rendus de l'Académie de Sciences,* t. 121; p. 686.

Kupfersilicid.

Erhitzt man ein Gemenge von 10 Teilen Silicium mit 90 Teilen Kupfer im elektrischen Ofen und verjagt das überschüssige Metall durch weiteres Erhitzen, so erhält man, wie Vigouroux[1]) nachgewiesen hat, ein Kupfersilicid von der Formel $SiCu_2$. Dasselbe ist ein sehr harter, spröder Körper, der an frischen Bruchflächen eine stahlgraue Färbung zeigt, die jedoch nach und nach rötlich wird. Die Analyse wurde durch Aufschliessung mit einem Gemenge von Alkalicarbonat und Alkalinitrat und durch Behandlung mit Salzsäure ausgeführt.

Wolframsilicid.

Diese Verbindung wurde von Vigouroux[2]) dargestellt durch Erhitzen eines Gemenges von Wolframoxyd und Silicium im elektrischen Ofen. Man erhält so einen gut krystallisierten Körper, der der Formel W_2Si_3 entspricht.

[1]) VIGOUROUX. *Comptes rendus de l'Académie de Sciences*, t. 122; p. 318.

[2]) VIGOUROUX. *Comptes rendus de l'Académie des Sciences*, t. 127; p. 393.

Metallboride.

Boride der alkalischen Erden[1]).

Ich habe bereits[2]) ein Verfahren beschrieben, mit Hülfe dessen man die Boride von Eisen, Nickel und Kobalt sowie Borocarbid in grossen Mengen gut krystallisiert darstellen kann. Es war naheliegend, im Anschluss hieran die Boride der alkalischen Erden näher zu untersuchen, um zu ermitteln, ob ihre Eigenschaften denen der Carbide der Erdkalimetalle, welche durch Wasser leicht unter Bildung von reinem Acetylen zersetzt werden, nahestehen.

Bildung der Boride der Erdalkalimetalle.

In einem einseitig geschlossenen Kohlerohre wurde im elekrischen Ofen ein inniges Gemenge von 10 g reinem Bor und 50 g Ätzkalk 7 Minuten lang mit einem Strome von 900 Ampères und 45 Volts erhitzt. Nach dem Erkalten blieb in dem Rohre eine geschmolzene ziemlich harte, spröde Masse, ohne krystallinisches Aussehen, zurück. Diese Substanz wird durch Wasser nur langsam angegriffen, löst sich dagegen in Salzsäure nahezu vollständig unter Hinterlassung eines

[1]) Diese Untersuchung wurde in Gemeinschaft mit P. Williams ausgeführt.
[2]) Siehe „Der elektrische Ofen“ Seite 329.

minimalen Rückstandes. Letzterer enthält, wie die mikroskopische Untersuchung ergab, Graphit und rechtwinklige kubische Krystalle, welche in dünnen Blättchen gelb, in etwas dickeren Schichten dunkel gefärbt sind. Diese Krystalle, welche von Salzsäure nicht angegriffen werden, lösen sich rasch in Salpetersäure ùnd enthalten nur Bor und Calcium.

Da die Ausbeute eine sehr geringe war, musste die Reaktion in anderer Weise ausgeführt werden. Man erhitzte ein Gemenge von 10 g Calciumcarbid und 1 g reinem Bor im elektrischen Ofen. Das Bor scheint hierbei den Kohlenstoff aus dem Calciumcarbid nicht zu verdrängen; es entsteht zwar eine kleine Menge Borcalcium, aber die Bildung desselben scheint eher auf einen Dissociationsvorgang als auf eine deutliche Einwirkung von Bor auf das Carbid zurückzuführen sein. Der gleiche Fall trat ein bei der Einwirkung von Zuckerkohle auf Calciumborat oder von Calciumcarbid auf Calciumborat bei der Temperatur des elektrischen Ofens. Zur Erhöhung der Ausbeute muss das Bor im Innern der Mischung selbst gebildet werden. Dies kann in folgender Weise erreicht werden:

Darstellung von Borcalcium.

Man bereitet ein Gemenge von 1000 g ganz trockenem Calciumborat, 630 g reinem Aluminium in Stücken und 200 g feingepulverter Zuckerkohle, indem nach sorgfältigem Trocknen beider Substanzen das Calciumborat innig mit der Kohle gemischt und hierauf die Aluminiumstücke hinzugefügt werden. Das Ganze erhitzt man in einem Kohletiegel 7 Minuten lang mit Hülfe eines Stromes von 900 Ampères und 45 Volts. Die Menge Aluminium war genügend bemessen, um das Calciumborat vollständig zu reduzieren. Der Zusatz von Kohle soll die Bildung von Thonerde verhindern, welche nachher nur sehr schwer von dem Borcalcium getrennt werden kann. Ein Teil des Aluminiums findet sich nach Beendigung des Versuches als Carbid vor, welches mit Leichtigkeit durch Wasser und verdünnte Salzsäure zersetzt wird.

Dauer und Regelmässigkeit der Schmelze sind von sehr grossem Einfluss auf die Ausbeute an Borcalcium.

Die geschmolzenen Klumpen, welche man nach dem Erkalten der Masse erhält, sind homogen und zeigen einen krystallinischen, metallisch aussehenden Bruch. Man zerschlägt sie in kleine Stücke und behandelt mit verdünnter Salzsäure, bis der Rückstand von dieser nicht mehr angegriffen wird. Während dieses Prozesses entweicht eine grosse Menge sehr unangenehm riechender Gase, welche aus Wasserstoff, Acetylen, Methan und Borwasserstoff bestehen. Der Rückstand wird bei Siedehitze mit concentrierter Salzsänre behandelt und hierauf mit Wasser gewaschen. Die nach diesen verschiedenen Operationen übrig bleibende Substanz besteht zum grossen Teile aus Borcalcium neben einer geringen Menge organischer Substanz von geringem spezifischen Gewichte, die bei der Einwirkung der Salzsäure auf die Schmelze entstanden ist.

Diese Verbindung kann infolge ihrer geringen Dichte leicht entfernt werden. Behandelt man hierauf den Rückstand mit Äther und Toluol, so nehmen diese Flüssigkeiten eine intensive Färbung an, indem eine neue organische Substanz extrahiert wird, welche durch Verdampfung des Lösungsmittels isoliert werden kann. Es ist eine braune, harzige Substanz, die mit rauchender Salpetersäure leicht eine gelbgefärbte, im Äther lösliche Nitroverbindung liefert. Mit der weiteren Untersuchung dieses Körpers sind wir noch beschäftigt.

Nach wiederholtem Auswaschen mit Toluol und Äther wird das Borcalcium mit Fluorwasserstoffsäure in der Wärme behandelt. Man wäscht hierauf mit Wasser, trocknet und digeriert sodann mit Äther, bis derselbe farblos bleibt. Das so erhaltene Krystallpulver wird mit Wasser und hierauf mit Alkohol gewaschen und endlich im Vacuum getrocknet.

Dieses Krystallpulver ist nicht absolut rein, sondern enthält noch eine kleine Menge Graphit und Borocarbid.

Physikalische Eigenschaften. — Borcalcium ist ein schwarzes, glänzendes, krystallinisches Pulver, welches, wie das Mikroskop zeigt, aus kleinen, rechtwinkeligen oder kubischen Krystallen besteht, die, wenn sie sehr dünn sind, durchsichtig oder hellgelb gefärbt erscheinen. Die Verbindung ritzt Bergkrystall mit Leichtigkeit und ist sogar hart genug, um Rubin zu ritzen. Die Dichte beträgt 2,33 bei + 15⁰ Beim Erhitzen im elektrischen Ofen schmilzt Borcalcium zu einer homogenen Masse mit krystallinischem Bruche.

Chemische Eigenschaften. — Beim Erhitzen zur Rotglut im Wasserstoffstrom erleidet Borcalcium keine Veränderung.

Fluor wirkt in der Kälte unter Feuererscheinung ein; Chlor reagiert bei Rotglut, wobei eine bedeutende Wärmeentwicklung eintritt und Chlorcalcium und Chorbor gebildet wird. Brom und Jod wirken bei derselben Temperatur, aber langsam darauf ein.

Erhitzt man Borcalcium an der Luft, so entzündet es sich erst bei heller Rotglut. Schwefeldampf reagiert in ähnlicher Weise.

In einem Stickstoffstrome wird Borcalcium bei 1000⁰ noch nicht zersetzt.

Auf Wasser wirkt Borcalcium bei gewöhnlicher Temperatur nicht ein, ist also von Calciumcarbid ganz verschieden. Man kann es in Wasser unter Druck bis auf 250⁰ erhitzen, ohne dass eine Reaktion eintritt.

Auch oberhalb dieser Temperatur in einem Strome von Wasserdampf findet nur sehr langsam eine Einwirkung statt. Die Bildung einer Schicht von Kalk und Borsäure verhindert eine raschere Zersetzung. Bei der Temperatur des weichwerdenden Glases wird langsam Wasserstoff entwickelt; um eine grössere Menge Gas zu erhalten, muss man bis auf 1000⁰ erhitzen.

Wie früher mitgeteilt, kann Borcalcium im elektrischen Ofen geschmolzen werden. Die geschmolzene Masse wird jedoch dann von Wasser unter Entwicklung von Wasserstoff und Acetylen angegriffen. Diese Reaktion scheint auf die Existenz eines anderen Borcalciums hinzuweisen, welches weniger Bor enthält und durch Wasser zersetzt wird.

Gasförmige Halogenwasserstoffe wirken auf Borcalcium bei Dunkelrotglut langsam ein. Ammoniak reagiert bei der Temperatur des weichwerdenden Glases noch nicht. Wässrige Halogenwasserstoff-

3*

lösungen sind ohne Einwirkung auf Borcalcium, ebensowenig Schwefelsäure, während die concentrierte Säure eine Entwicklung von schwefeliger Säure bewirkt. Verdünnte oder concentrierte Salpetersäure greift Borcalcium sehr energisch an.

Oxydationsmittel, wie Bleioxyd oder geschmolzener Salpeter, wirken bei Rotglut sehr heftig ein. Bromwasser oder ein Gemenge von chlorsaurem Kalium und Salzsäure zersetzen es langsam. Kaliumcarbonat, Kaliumbisulfat und geschmolzenes Ätzkali reagieren dagegen bei Rotglühhitze sehr energisch.

Analyse. — Das Borcalcium wird mit Salpetersäure behandelt und zwar gleich in dem Apparate, in welchem die Bestimmung des Bors ausgeführt werden soll. Zu letzterer dient die Methode von Gooch[1]. Nachdem die Borsäure durch Methylalkohol entfernt ist, wird das Calcium in dem Rückstand als Oxalat gefällt, der Niederschlag geglüht und als Oxyd gewogen.

Zur Bestimmung der kleinen Menge Kohlenstoff, welche die Verbindung als Verunreinigung enthielt, wurde die Substanz durch ganz reines Chlor zersetzt; der Rückstand wurde mit Wasser aufgenommen, zur Entfernung des löslichen Chlorcalciums auf einem Asbestfilter abfiltriert, angewaschen und im Sauerstoffstrom verbrannt. Die gebildete Kohlensäure wurde in vorher gewogenen Röhren mit Atzkali aufgefangen.

Der in Salpetersäure unlösliche Rückstand wurde ausgewaschen, bei 110° getrocknet und gewogen. Derselbe bestand aus kleinen, nicht angreifbaren Krystallen von Borocarbid B_6C.

Folgende Zahlen wurden erhalten:

	1.	2.	
Calcium	36,22	36,03	%
Bor	57,43	57,30	„
Kohlenstoff	2,66	2,82	„
Unlösliches	1,21	1,02	„

[1]) Gooch. Dosage de l'acide borique.. *American Journal*, t. IX. p. 23; 1887.

Bezieht man die für Calcium und Bor erhaltenen Zahlen auf 100 Teile reines Borcalcium, so erhält man:

	1.	2.	
Calcium	38,66	38,61	%
Bor	61,33	61,39	„

Dies stimmt so ziemlich aut die Formel CaB_6, welcher entsprechen würde:

Calcium	37,86	%
Bor	62,14	„

Borstrontium.

Borstrontium wurde in analoger Weise dargestellt, wie Borcalcium, indem ein Gemenge von Strontiumborat, Aluminium und Kohle im elektrischen Ofen geschmolzen wurde. Die Verbindung kann, dank ihrer grossen Dichte, sehr rein erhalten werden, da mit Bromoform der grösste Teil der darin enthaltenen Verunreinigungen entfernt werden konnte.

Physikalische Eigenschaften. — Borstrontium besteht aus einem schwarzen Pulver von ganz kleinen Krystallen, welche unter dem Mikroskop in ziemlich dünnen Blättchen durchsichtig erscheinen und rötlich braun gefärbt sind. Die Krystalle sind grösser als die von Borcalcium und ritzen Bergkrystall ebenfalls mit Leichtigkeit. Die Dichte beträgt 3,28 bei + 15°.

Chemische Eigenschaften. — Die chemischen Eigenschaften von Borstrontium sind denen vou Borcalcium sehr ähnlich, nur entzündet sich ersteres bei Berührung mit Fluor in der Kälte nicht, sondern man muss zur Einleitung der Reaktion gelinde erwärmen.

Analyse. — Die Analyse wurde nach der gleichen Methode ausgeführt, wie die von Borcalcium. Folgende Zahlen wurden erhalten:

	1.	2.	Berechnet für SrB_6
Strontium	56,33	56,56	57,10 %
Bor	43,38	43,00	42,90 „
Kohlenstoff	0,67	0,63	— „
Unlösliches	Spuren	Spuren	— „

Borbaryum.

Die weiter oben beschriebene Methode diente auch zur Darstellung der entsprechenden Baryumverbindung, die übrigens leichter zu erhalten ist, als die beiden vorhergehenden. Die Ausbeute ist besser, und die Reinheit höher, dank dem grossen spezifischen Gewichte.

Eigenschaften. — Borbaryum zeigt dasselbe Aussehen, wie die beiden anderen Erdalkali-Boride. Die Krystalle sind zwar klein, aber sehr regelmässig. Die Dichte beträgt 4,36 bei + 15°. Die chemischen Eigenschaften sind mit denen von Borcalcium und Borstrontium identisch. Die Härte ist sehr gross; es ritzt Rubin und Quarz, wirkt aber auf Diamant nicht ein.

Analyse.

	1.	2.	Berechnet für BaB_6
Baryum	67,20	67,09	67,57 %
Bor	32,25	32,28	32,43 „
Kohlenstoff	0,29	0,31	— „
Unlösliches	Spuren	Spuren	—

Berylliumborocarbid.

Diese von Lebeau[1]) erhaltene Verbindung ist meiner Ansicht nach von grossem Interesse, da sie ein Beispiel für Doppelverbindungen ist, die man mit aller Wahrscheinlichkeit leicht im elektrischen Ofen darstellen kann.

Ein Gemenge von 75 Teilen Beryllerde und 45 Teilen Bor wird mit etwas Alkohol versetzt, gepresst und im Trockenschrank bei 150° getrocknet. Hierauf erhitzt man die Masse in einem Rohre im elektrischen Ofen sieben bis acht Minuten lang mit einem Strom von 980 Ampères bei 45 Volts. Man erhält eine metallisch aussehende Schmelze, deren Analyse folgende Zahlen lieferte:

	1.	2.	Berechnet für $C_4B_6Be_6$
Kohlenstoff	27,99	28,34	28,49 %
Bor	39,18	39,12	39,17 „
Beryllium	32,83	32,54	32,33 „

[1] LEBEAU. *Comptes rendus de l'Académie des Sciences*, t. 126; p. 1347.

Metallphosphide.

Die Verbindungen, welche nur Phosphor und Metall enthalten, waren bisher nur wenig bestimmt und von zweifelhafter Zusammensetzung. Der elektrische Ofen führte zu einer allgemeinen Methode für die Darstellung von durchaus bestimmten, bei hoher Temperatur stabilen Phosphiden.

Phosphide der alkalischen Erdmetalle.

Durch Einwirkung von Phosphordampf auf rotglühenden Kalk erhielt bekanntlich Paul Thénard[1]) ein amorphes, zinnoberrotes Produkt, dessen Zusammensetzung der rohen Formel $P_2 . CaO$ entsprach. Der neue Körper, welchen er als Kalkphosphid bezeichnete, wurde durch Wasser zersetzt, und diese Reaktion diente dazu, die Existenz und die Eigenschaften der verschiedenen Phosphorwasserstoffe festzustellen. Vorher hatte schon Dulong ein allgemeines Verfahren angegeben, um Phosphide durch Einwirkung von Phosphordampf auf Metall darzustellen. Die diesbezüglichen Versuche waren dann von Vigier wiederholt worden.

Zur Darstellung von Calciumphosphid konnte diese Methode nur unter der Voraussetzung verwendet werden, dass man reines Calciummetall zur Verfügung hatte; dies war aber vor meinen Untersuchungen nicht der Fall.

[1]) Paul Thénard. Sur les combinaisons du phosphore avec l'hydrogène, *Annales de Chemie et de Physique t.* XIV, p. 12, 1845.

Darstellung von krystallisiertem Phosphorcalcium.

Phosphorcalcium kann im elektrischen Ofen durch Reduktion von Tricalciumphosphat mit Kohle dargestellt werden. Dieses Verfahren erfordert indes ziemliche Vorsicht, wegen der verhältnismässig leichten Zersetzbarkeit von Phosphorcalcium bei der hohen Temperatur des elektrischen Ofens.

Zunächst wurde reines Tricalciumphosphat durch Fällung dargestellt, getrocknet und im Perrot'schen Ofen geglüht, hierauf gepulvert und mit Kohle in folgendem Verhältnis gemischt:

Tricalciumphosphat	310 Teile,
Russ	90 Teile.

Das Gemenge wurde mit ein wenig Terpentin verrieben und hierauf in kleine Cylinder gepresst, welche sodann nochmals im Perrot'schen Ofen in einer Hülle aus reinem Kohlenstoff geglüht wurden.

Diese innige Mischung von Calciumphosphat und Kohle wird hierauf in einem Tiegel im elektrischen Ofen vier Minuten der Einwirkung eines Lichtbogens von 950 Ampères und 45 Volts ausgesetzt.

Nach dem Erkalten findet man in dem Tiegel eine geschmolzene Masse, die nicht an den Wänden haften soll, was nur dann der Fall ist, wenn das Erhitzen zu lange gedauert hatte. In letzterem Falle ist das Phosphorcalcium in der äusseren Schicht mit etwas Calciumcarbid verunreinigt. Wenn dagegen nicht genug lange erhitzt worden war, ist das Phosphid mit geschmolzenem, nicht reduziertem Phosphat vermengt, in welchem man deutlich die roten Krystalle des Phosphorcalciums unterscheidet.

Während der Schmelzoperation im elektrischen Ofen entweicht nur eine sehr geringe Menge Phosphordampf. Setzt man aber das Erhitzen auch nach der vollständigen Reduktion weiter fort, so wird das gebildete Phosphorcalcium wieder zersetzt, der Phosphor destilliert in reichlichem Masse ab und verbrennt beim Austritt aus dem Ofen.

Schliesslich vereinigt sich das Calcium mit dem Kohlenstoff, und es hinterbleibt nur Calciumcarbid, welches eine sehr geringe Menge Phosphid enthält.

Will man auf diesem Wege reines Phosphorcalcium erhalten, so ist es, wie schon weiter oben bemerkt, von grösster Wichtigkeit, nicht zu lange zu erhitzen.

Man kann geschmolzenes Calciumphosphid auch erhalten, wenn man das Kalkphosphid von Thénard, welches durch Einwirkung von überschüssigem Phosphordampf auf rotglühenden Kalk darzustellen ist, in einem Kohletiegel im elektrischen Ofen sieben bis acht Minuten mit einem Strom von 800 Ampères bei 50 Volts erhitzt. Man erhält so eine gut geschmolzene dunkelrote Masse, welche mit Calciumcarbid verunreinigt ist.

Eigenschaften. — Das im elektrischen Ofen dargestellte Phosphorcalcium besteht aus rotbraunen Stücken, deren Farbe an die von Calciumnitrid erinnert. Der Bruch zeigt krystallinische Struktur, und wenn die Reduktion nicht vollständig durchgeführt worden war, findet man gut ausgebildete dunkelrote Krystalle eingebettet in dem geschmolzenen Phosphat.

Phosphorcalcium ist schwer schmelzbar; es konnte nur im elektrischen Ofen geschmolzen werden.

Bei der Temperatur von weichwerdendem böhmischen Glase zersetzt es sich langsam im Vakuum, und man kann das Entweichen einer geringen Menge Phosphordampf deutlich beobachten. Die Dissociationsspannung erreicht nur einige Millimeter.

Die Dichte beträgt 2,51 bei $+ 15^{0}$.

Bei 900^{0} in einer Wasserstoffatmosphäre erleidet es keine sichtbare Veränderung.

In der Kälte wirkt Chlor auf Phosphorcalcium nicht ein; erhitzt man aber gelinde ungefähr bis auf 100^{0}, so beginnt die Reaktion und setzt sich hierauf unter lebhafter Feuererscheinung fort. Es entstehen Chlorcalcium und Dämpfe von Chlorphosphor. Die Einwirkung von Brom verläuft durchaus analog. Joddampf wirkt bei Dunkelrotglut ein.

In Sauerstoff verbrennt Phosphorcalcium bei 300° unter lebhafter Feuererscheinung und Bildung von Kalk und Phosphorsäureanhydrid. Auch Schwefel wirkt erst bei 300° ein; die Zersetzung erfolgt unter bedeutender Wärmeentwicklung, wobei ein gelbes Sublimat und Schwefelcalcium entsteht.

Die Einwirkung von Stickstoff auf Phosphorcalcium schien von besonderem Interesse zu sein. Wenn nämlich Stickstoff imstande wäre, den Phosphor aus dieser Verbindung zu verdrängen, so wäre ein bequemer Übergang vom Calciumphosphid zum Calciumnitrid gefunden. Calciumnitrid zerfällt bekanntlich mit Wasser und liefert Ammoniak, welche Reaktion industrielle Verwertung finden könnte. Die Bildungswärme von Phosphorcalcium scheint aber höher zu sein als die von Stickstoffcalcium, da alle Versuche, bis zu der Temperatur von 900°, erfolglos blieben. Bei 1200° wird eine gewisse Menge Stickstoff von Calcium gebunden, während gleichzeitig eine geringe Menge Phosphor entweicht; die Reaktion ist aber bei weitem nicht vollständig. Der Rückstand liefert zwar beim Zusammenbringen mit Wasser ein Gemisch von Ammoniak und Phosphorwasserstoff, letzterer ist aber in grossem Überschuss darin vorhanden. Man hat hier eine Dissociation des Phosphorcalciums vor sich.

Erhitzt man Phosphorcalcium in Arsendampf bis zur Temperatur von schmelzendem Glase, so erfolgt keine Reaktion.

Bor und Kohlenstoff wirken bei 700° noch nicht ein; im elektrischen Ofen dagegen verdrängt der Kohlenstoff den Phosphor, und es entsteht geschmolzenes Calciumcarbid.

Gasförmige Halogenwasserstoffe wirken auf Phosphorcalcium energisch ein; Chlorwasserstoff zersetzt es unter Feuererscheinung bei Rotglut.

Schwefelwasserstoff wirkt bei 700° noch nicht merklich ein, ebenso wenig Ammoniak.

Die Reaktion von Wasser mit Phosphorcalcium war von besonderer Wichtigkeit. Durch kaltes Wasser wird es sofort zersetzt: es entsteht Kalkhydrat und Phosphorwasserstoff. Ist das Phosphorcalcium in Form von krystallinischen Stücken, so verlangsamt das entstehende Kalkhydrat die Reaktion, ist es dagegen in Pulverform, so ist die Einwirkung sehr heftig.

Wenn das Phosphorcalcium bei seiner Darstellung genügend lange im elektrischen Ofen erhitzt worden war, so ist der bei der Zersetzung durch Wasser entstehende Phosphorwasserstoff nicht selbstentzündlich. Hierin unterscheidet der neue Körper sich charakteristisch von dem Produkt Thénards. Der Zersetzungsvorgang ist indes trotzdem noch compliciert, und man erhält nicht den ganzen Phosphor des Phosphorcalciums als Phosphorwasserstoff PH_3. Einige Proben, die etwas weniger lange erhitzt worden waren, lieferten Phosphorwasserstoff, der durch freien Wasserstoff verunreinigt war. Wenn dagegen das Phosphid sehr hoch erhitzt worden war, so bildete sich kein Wasserstoff mehr, sondern man konnte etwas Acetylen nachweisen.

Die Säuren wirken auf Phosphorcalcium nur nach Massgabe des in ihnen enthaltenen Wassers ein. Selbst mit concentrierter Salpetersäure tritt in der Kälte fast keine Reaktion ein; in der Wärme geht dieselbe sehr langsam vor sich. Mit gewöhnlicher Salpetersäure erfolgt in der Kälte rasch Oxydation; es entweichen rote Dämpfe und ein selbstentzündliches Gas.

Ebenso wirkt rauchende Schwefelsäure in der Kälte nicht auı Phosphorcalcium ein, während verdünnte Schwefelsäure eine heftige Reaktion verursacht.

Absoluter Alkohol, Äther, Benzol, Terpentin sind bei gewöhnlicher Temperatur wirkungslos.

Oxydationsmittel dagegen wirken energisch ein. Geschmolzenes Chlorat und Bichromat oxydieren Phosphorcalcium unter Feuererscheinung. Erhitzt man ein Gemenge von Kaliumpermanganat und gepulvertem Phosphorcalcium, so erfolgt eine heftige Reaktion, begleitet von einer Explosion und Feuererscheinung.

Stickstoffoxydul und Stickstoffdioxyd wirken in der Wärme oxydierend ein. Unter lebhafter Feuererscheinung entsteht Kalk und eine sehr kleine Menge Nitrid.

Analyse des Phosphorcalciums. — Das Phosphorcalcium wurde auf dem Wege der direkten Oxydation durch rauchende Salpetersäure zersetzt. Das Metall wurde als schwefelsaures Calcium in alkoholischer Lösung gefällt, und die Phosphorsäure hierauf als Ammoniummagnesiumphosphat bestimmt.

Auf diesem Wege wurden folgende Zahlen erhalten:

	1.	2.	3.	4.	Berechnet für $P_2 Ca_3$
Calcium . .	65,82	65,71	65,38	65,40	65,93
Phosphor . .	—	33,79	33,92	33,85	34,06

Phosphorstrontium und Phosphorbaryum.

Jaboin[1]) erhielt unter Anwendung des vorstehend beschriebenen Verfahrens die Phosphide von Strontium und Baryum $P_2 Sr_3$ und $P_2 Ba_3$. Diese Körper, deren spezifische Gewichte 2,98 und 3,18 betragen, zeigen dem Phosphorcalcium analoge allgemeine Eigenschaften.

Phosphide von Eisen, Nickel, Kobalt und Chrom.

Versucht man die Reduktion der Phosphate dieser Metalle im elektrischen Ofen, so erhält man gewöhnlich nur phosphorhaltige Schmelzen von wechselnder Zusammensetzung. Maronneau[2]) gelangte indes zu den Phosphiden mit Hülfe eines Verfahrens, welches dem von Lebeau zur Darstellung des Siliciumeisens, Si Fe, analog ist. Er erhitzte ein Gemenge von Siliciumkupfer und Feilspänen des betreffenden Metalles und trennte das gebildete Phosphid durch Behandlung mit Salpetersäure, wodurch das überschüssige Kupfer gelöst wird.

Eisenphosphid $P Fe_2$ besteht aus glänzenden grauweissen Nadeln. Die Dichte beträgt 6,57. Die Analyse führt zu folgenden Zahlen:

	1.	2.	Berechnet für $P Fe_2$
Eisen	77,80	78,10	78,31 %
Phosphor . . .	21,45	21,17	21,69 „

[1]) Jaboin. *Comptes rendus de l'Académie des Sciences*, t. 129, p. 762.

[2]) Maronneau. *Comptes rendus de l'Académie des Sciences*, t. 130.

Nickelphosphid Ni_2P und Kobaltphosphid Co_2P bestehen ebenfalls aus glänzenden Nadeln und werden von Säuren nicht angegriffen.

Die Analyse ergab folgende Resultate:

	1.	2.	Berechnet für Ni_2P
Nickel	78,60	79,40	79,20 %
Phosphor . . .	20,90	20,30	20,80 „

	1.	2.	Berechnet für C_2P
Kobalt	79,41	79,61	79,20 %
Phosphor . . .	20,09	20,20	20,80 „

Chromphosphid entspricht der Formel Cr P, besitzt eine mattgrau graphitähnliche Farbe und ist in Säuren unlöslich.

	1.	2.	Berechnet für Cr P
Chrom	63,02	62,92	62,93 %
Phosphor . . .	36,35	36,87	37,07 „

Kupferphosphid.

Mehrere Forscher haben bereits Kupferphosphide von verschiedenen Formeln beschrieben. Maronneau[1]) erhielt durch Reduktion von Kupferphosphat durch Kohle im elektrischen Ofen die Verbindung Cu_2P, die auf elektrolytischem Wege abgeschieden werden kann. Man gelangt so zu einem schwarzen, krystallinischen Pulver an welchem der Graphit durch Bromoform entfernt werden kann.

Die Analyse dieser Krystalle liefert folgende Zahlen.

	1.	2.	Berechnet für Cu_2P
Kupfer . . .	80,55	79.95	80,38 %
Phosphor . . .	18,40	19,32	19,62 „

[1]) Maronneau. *Comptes rendus de l'Académie des Sciences*, t. 128, p. 936

Metallarsenide.

Auch die Arsenide waren wie die Phosphide bisher Verbindungen von je nach den Darstellungsbedingungen schwankender Zusammensetzung. Lebeau[1]) konnte mit Hülfe der Reaktion, die zur Gewinnung der Phosphide gedient hatte, die Reduktion eines Sauerstoffsalzes durch Kohle, die Arsenide der alkalischen Erdmetalle darstellen, Verbindungen von durchaus bestimmter Zusammensetzung, die bei der Temperatur des elektrischen Ofens beständig waren.

Calciumarsenid.

Ein inniges Gemenge von 100 Teilen Calciumarseniat und 30 Teilen Petroleumcoke wird mit etwas Terpentin verrieben, um beim Zusammenpressen eine genügend consistente Masse zu erhalten. Nach dem Ausglühen erhitzt man 2—3 Minuten lang im elektrischen Ofen mit Hülfe eines Stromes von 950 bis 1000 Ampères bei 45 Volts. Der Tiegel wird hierauf sofort aus dem Ofen entfernt und mit einer Kohlenplatte bedeckt, um die Oxydation zu verhindern. Das Reaktionsprodukt wird sodann noch heiss herausgenommen und in Glasröhren eingeschmolzen.

Man erhält so eine geschmolzene Masse von Calciumarsenid, welches fast immer mit ein wenig Calciumcarbid und Graphit verunreinigt ist.

[1]) LEBEAU. *Comptes rendus de l'Académie des Sciences*, t. 128, p. 25.

Dieses Calciumcarbid hat das Aussehen einer geschmolzenen Masse von krystallinischer Strucktur. Unter dem Mikroskope erscheint es bestehend aus rotbraunen Teilchen, ähnlich dem Phosphorcalcium.

Die interessanteste Reaktion dieser bisher unbekannten Verbindung ist ihre Einwirkung auf Wasser. Die Zersetzung tritt schon in der Kälte ein, und bei derselben entsteht Kalkhydrat und reiner Arsenwasserstoff. Dies ist eine ausgezeichnete Methode zur Darstellung dieses Gases.

Analyse.

	1	2	Berechnet für $As_2 Ca_3$
Calcium	45,18	44,83	44,44 %
Arsen	54,83	55,17	55,55 %.

Strontiumarsenid und Baryumarsenid.

Diese Körper werden wie die entsprechende Calciumverbindung dargestellt und zeigen ähnliche Eigenschaften. Sie werden durch Wasser unter Bildung reinen Arsenwasserstoffs zersetzt und entsprechen den Formeln: $As_2 Sr_3$ und $As_2 Ba_3$.

Metallsulfide.

Im Hinblick auf die Verallgemeinerung der Reaktionen bei hoher Temperatur war es von Interesse, das Verhalten der Sulfide im elektrischen Ofen zu untersuchen. Mourlot[1]) erhielt durch Erhitzen von Gemengen von Sulfaten und Kohle im elektrischen Ofen die Sulfide von Lithium, von den alkalischen Erdmetallen und von Magnesium in krystallisierter Form, welche Verbindungen bisher nur in amorphem Zustande bekannt gewesen waren. Dieselbe allgemeine Methode gestattete es, die Sulfide von Zink, Cadrium, Blei, Mangan und Antimon krystallisiert darzustellen. Diese Sulfide sind bei jener hohen Temperatur beständig. Die Sulfide von Zink, Cadmium, Blei und Zinn verflüchtigen sich und krystallisieren beim Abkühlen. Durch Kohlenstoff werden die Sulfide reduziert, wobei entweder das entsprechende Carbid oder das Metall entsteht.

[1]) Mourlot. *Thèse à la faculté des Sciences de Paris*, 1899.

Druck von A. W. Hayn's Erben, Berlin und Potsdam.

FSC
www.fsc.org
MIX
Papier | Fördert
gute Waldnutzung
FSC® C083411

Zeitfracht Medien GmbH
Ferdinand-Jühlke-Straße 7
99095 Erfurt, Deutschland
produktsicherheit@kolibri360.de